NK INK INK INK INK INK IN
K INK INK INK INK INK INK
NK INK INK INK INK INK IN
K INK INK INK INK INK INK
NK INK INK INK INK INK IN
K INK INK INK INK INK INK
NK INK INK INK INK INK IN
K INK INK INK INK INK INK
NK INK INK INK INK INK IN
K INK INK INK INK INK INK
NK INK INK INK INK INK IN
K INK INK INK INK INK INK
NK INK INK INK INK INK IN
K INK INK INK INK INK INK
NK INK INK INK INK INK IN
K INK INK INK INK INK INK
NK INK INK INK INK INK IN
K INK INK INK INK INK INK
NK INK INK INK INK INK IN
K INK INK INK INK INK INK
NK INK INK INK INK INK IN
K INK INK INK INK INK INK
NK INK INK INK INK INK IN
K INK INK INK INK INK INK

INK INK INK INK INK INK IN
K INK INK INK INK INK INK
INK INK INK INK INK INK IN
K INK INK INK INK INK INK
INK INK INK INK INK INK IN
K INK INK INK INK INK INK
INK INK INK INK INK INK IN
K INK INK INK INK INK INK
INK INK INK INK INK INK IN
K INK INK INK INK INK INK
INK INK INK INK INK INK IN
K INK INK INK INK INK INK
INK INK INK INK INK INK IN
K INK INK INK INK INK INK
INK INK INK INK INK INK IN
K INK INK INK INK INK INK
INK INK INK INK INK INK IN
K INK INK INK INK INK INK
INK INK INK INK INK INK IN
K INK INK INK INK INK INK
INK INK INK INK INK INK IN
K INK INK INK INK INK INK
INK INK INK INK INK INK IN
K INK INK INK INK INK INK

INK INK INK INK INK INK IN
K INK INK INK INK INK INK
INK INK INK INK INK INK IN
K INK INK INK INK INK INK
INK INK INK INK INK INK IN
K INK INK INK INK INK INK
INK INK INK INK INK INK IN
K INK INK INK INK INK INK
INK INK INK INK INK INK IN
K INK INK INK INK INK INK
INK INK INK INK INK INK IN
K INK INK INK INK INK INK
INK INK INK INK INK INK IN
K INK INK INK INK INK INK
INK INK INK INK INK INK IN
K INK INK INK INK INK INK
INK INK INK INK INK INK IN
K INK INK INK INK INK INK
INK INK INK INK INK INK IN
K INK INK INK INK INK INK
NK INK INK INK INK INK IN
K INK INK INK INK INK INK
NK INK INK INK INK INK IN
K INK INK INK INK INK INK

红白養生筵

紅麴　白麴
紅麴釀　甜酒釀
紅糟　白糟

王莉民——著

目次

【白之筵】

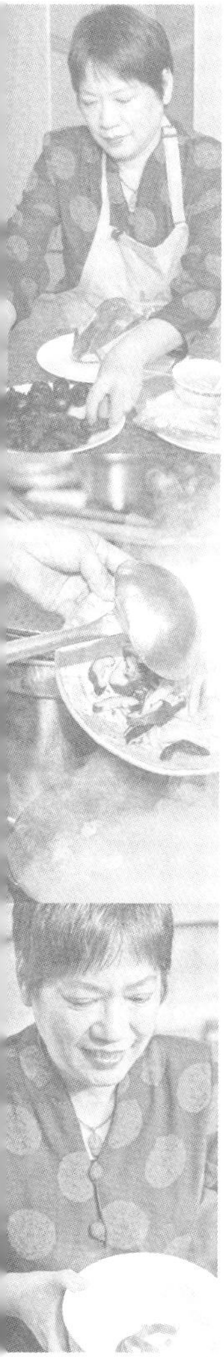

紅紅白白
變化多，

輕輕鬆鬆
健康長壽！

【序】

以廚房取代藥房

現代醫藥發達，長命百歲非難事，重點是活得健康，沒病沒痛才好。坊間有很多養生保健的書籍，隨便挑一本，生活起居、三餐飲食，照書上所寫，認眞執行，一定可以很健康。但是生活是五味雜陳的，有家庭、工作、應酬……一些的各種干擾；人有七情六慾，惰性出現時怕麻煩，嘴饞的時候忍不住……把書中的養生法落實在生活中，需要決心、意志和耐力。

其實想健康，不必這麼辛苦。傳統養生保健食材中的紅麴和白麴幾乎可以預防所有的都市文明病和中老年人的慢性疾病。由紅麴、白麴發酵釀造出來的食物有：甜酒釀、紅麴釀（紅麴甜酒釀），可作正餐、點心；飲料有：紹興酒、紅露酒、清酒和各種燒酒及藥酒；用途更廣的調味料有：紅糟、白糟、米醋、紅麴醋、味醂（註）、味噌、紅麴味噌、紅麴醬油、紅麴豆腐乳……只要花點心思，每盤菜都用得上紅、白麴製品，餐餐有紅有白，輕輕鬆鬆就能健康長壽。

關於紅麴，雖然已被炒得火熱，但各種療效眾說紛紜，沒有完整的系統。現在綜合中西餐飲醫療各家見解，作一個總整理以便全面性的了解。

紅麴的功效：

中醫說法「活血．化瘀．軟堅」「健脾．益氣．溫中」

活血：破血行藥，治跌打損傷。

治女人血氣痛（經痛）及產後惡露不盡。

味醂（みりん），是一種來自日本、類似米酒的調味料，含有30%的酒精，由甜糯米加上麴釀成；富含甘甜香氣與酒味，有去除食物腥味的功效，並且能充分引出食材的原味、增添可口色澤，是照燒類料理不可或缺的調味料。

化瘀：分解體內瘀積、毒素排出體外。

清除血管壁雜質，促使血行順暢。

軟堅：消化分解力極強，分解體內瘀積的硬塊。治便祕，大便乾硬效果最明顯。

健脾：燥胃消食，治腹脹、赤白痢。

益氣：治老人、小孩輕微氣喘。

減緩頭痛、頭暈、氣短、疲勞、肢體麻痺……等。

溫中：治手腳冰冷。

解生物冷毒（泛指甲殼貝類之毒）。

西醫說法

降血壓：紅麴含γ胺基丁酸（GABA）腦神經傳導媒介促進物質，有降血壓的功效。

降膽固醇：預防動脈硬化，心血管疾病。

抗老化：減少老人癡呆症發生率。

抗癌：抑制癌細胞生長，治療各種固型腫瘤病變。

抗發炎：抑制、減少血管壁受損時發炎。

防腐：抑制枯草桿菌、鏈球菌、綠膿桿菌等，可作天然防腐劑及消炎。

調節免疫力：抗過敏，並減少器官移植排斥作用。

促進骨骼再生：可逆轉骨質疏鬆，防止骨折。

降血糖：生物實驗證實，以紅麴培養物餵兔子、老鼠，半小時後血糖降低30％以上。

白麴的功效：

西醫把紅麴和青黴素並列爲二十世紀人類發現的兩個最偉大的關鍵性藥劑。紅麴是寶，白麴更珍貴，中醫以白麴爲藥，因效用廣被封爲「神粬（麯／麴）」，民間以白麴釀酒因成份中有很多的中藥材所以稱之爲「酒藥」。五千多年來，白麴對我們生活中的貢獻可與指南針、印刷術、火藥、造紙等偉大發明並駕齊驅。

我們在超市只要花四十元就可以買到一包兩粒蛋黃大小的白麴。兩粒白麴可以供五磅（約二．二七公斤）的糯米發酵成酒，這便宜的小東西還眞好用！

白麴爲什麼這麼好用？因爲它是用了很多種中藥材加入米飯或麵粉製成。以米或其他穀類爲原料製成的麴，本身就是培養釀酒益生菌的優良載體。而其中的中藥材有抑制雜菌（害菌）、促進釀酒及糖化酵母的生長。這樣製造出來的白麴可以長期保存，在存放期間還會產生益生菌馴養作用，經過馴養後去蕪存菁，保留優良的菌種，所以酒會越陳越香。我們只要把白麴放在低溫乾燥的環境中貯存，沒有太多的雜菌污染，就不會壞，例如密封放在冰箱冷藏，一年後仍可使用。

白麴釀酒天然發醇未經蒸餾酒精度就可高達20％，西方人用麥芽糖化加酵母發酵酒精度只有到13％就飽和了。菌種優良，酒精度高，口感多層次，香味豐富，這就是高粱、大麴、茅台……等酒優於伏特加、威士忌的主因。

至於白麴的療疾防病功能主要來自白麯中的米麴菌和米根黴菌。這兩種黴菌有很強的蛋白質分解力，可以產生多種有特殊保健功效的胜肽（Peptide）、寡糖、抗氧化物及維他命B12等。其中根黴菌自古以來就當作天然的性荷爾蒙，在魏晉南北朝時就把甜酒釀當作滋補女人的食材，有溫暖子宮、豐胸的功效。根黴菌對男人也有壯陽作用，台灣農家在種豬交配季，飼主會在飼料中添加根黴菌，加強種豬的交配率。

除了上述經驗所知的白麴養生保健功能外，經科學實驗及成份分析證實白麴和白麴釀造產品的功效有：

一、降血壓：酒精本身即是利尿劑和血管擴張劑，有降血壓的功能。紹興、清酒、甜酒釀中含有纈胺酸（Valine）、酪胺酸（Tyrosine）雙胜肽降血壓的功能幾乎與西藥（Captopril）的功效相同，而且分子粒極小，利於腸道吸收。

二、有助血栓溶解：血栓病人的纖維蛋白質溶解力低於常人。適量喝酒可以提高纖維蛋白質的溶解，紹興、清酒、甜酒釀中除了酒精，還有許多成份有助血栓溶解。

三、預防骨質疏鬆：在白麴中至少有五種以上抑制Cathepsin L的成份，可減緩破骨作用，預防骨質疏鬆。

四、降膽固醇：動物實驗發現以酒糟作飼料，不僅膽固醇明顯下降，糞便中還有較多的脂質排出。

五、預防糖尿病：胰島素分泌不足，血糖濃度升高，葡萄糖滲漏到尿液中，即稱作糖尿病。連帶的脂肪分解力超過合成力會造成糖尿病人日漸消瘦。在酒糟或甜酒釀中有類似胰島素的活性物質也有葡萄糖苷（Glucoside）分解酵素，可減少人體葡萄糖的吸收，達到降低血糖的目的。另外還發現促進脂肪合成和抑制脂肪分解的成份，使糖尿病患者體內的脂肪不會漸漸流失。但是平常人吃多了反而容易發胖。

六、抗氧化：根黴菌和米麴菌都有把米穀中的多元酚轉變成抗氧化物質的功能。米麴菌更能產生多種抗氧化胜肽。甜酒釀、紹興、清酒都有抗氧化的功效。

七、防癌：基因受到自由基的破壞，累積到一個程度就變成癌症。紹

興、清酒、甜酒釀有來自稻米細胞壁構成的阿魏酸。阿魏酸有很強的抗氧化力減少基因受自由基破壞。

八、駐顏：阿魏酸除了抗氧化也能吸收紫外線，抑制脂質過氧化反應。自由基在皮表就造成皮膚鬆弛，脂質氧化產生脂褐質即形成老人斑，想保持皮膚光滑無斑，就依賴阿魏酸。

九、預防健忘：健忘的生理原因都是PEP作祟（脯胺酸內切性胜肽酶），因爲它會分解有助於記憶的胜肽荷爾蒙。只要抑制PEP的活性，就可能有助於抗失憶。紹興、清酒、甜酒釀、酒糟中發現至少有三種以上抑制PEP活性的物質。

十、預防皮膚病：過敏性皮膚炎、蕁麻疹等皮膚病，大多是組織蛋白酵素所引起，清酒、紹興、酒糟中至少有五種以上抑制組織蛋白酵素的成份，可預防減少上述皮膚病的發生。

十一、滋潤肌膚：紹興、清酒、甜酒釀、酒糟中有多種胺基酸有機物和甘油，內服從體內促進氣血循環，敷臉、泡澡使肌膚光滑滋潤。

十二、美白除斑：白麴中的麴酸可減少黑色素生成，使皮膚白皙。

除了上述的養生功效，傳統藥酒裡，無論外擦的跌打損傷藥酒或日常飲用的養生保健藥酒，主要的原料仍是白麴和米穀。藥酒的製造方法有兩種，一種是白麴加米飯再加各種中藥材一起發酵釀造的養生藥酒，另一種則是常見的泡藥酒，以白麵釀造的米酒、高粱酒、五糧液等蒸餾酒為基酒，加入中藥材泡製而成。從古至今幾年來坊間流傳的養生酒、跌打酒不下千百種，補氣補血、舒筋活血、理氣清血、強精壯骨、駐顏美容……功能療效多不勝數。

多用點腦筋，少費點力氣，想想看怎麼把紅麴白麴釀製品融入生活中：早上起來吃甜酒釀或紅麴釀加蛋、加湯圓、加麥片、配果菜汁最簡單；中餐、晚餐蒸魚、炒蝦，紅麴白糟都好用；涼拌菜用紅麴醋、米醋肯定是少不了的，再用味醂代替砂糖就更健康了；魚香肉絲、茄子、烘蛋……本來是用甜酒釀調味的，改成紅麴釀，換換口味也不錯；紅麴肉、小排骨用蒸的，雞排、鱈魚、鮭魚可烤可炸，紅糟或白糟拌豆腐乳、味噌又調出新口味，葷素都可配；閒來沒事或睡前喝杯小酒，紹興、清酒、紅露酒、養生藥酒，放鬆一下心情……。

紅紅白白變化多，色香味豐富，快樂吃出青春美麗，健康長壽。

【紅之筵】

【紅】中醫向來認爲紅麴有「活血・化瘀・軟堅」和「健脾・益氣・溫中」的說法；西醫也普遍認同紅麴有降血壓、降膽固醇、抗老化、抗癌、抗發炎、防腐、調節免疫力、促進骨骼再生、降血糖……等功能，更和青黴素並列爲二十世紀人類發現的兩個最偉大的關鍵性藥劑！

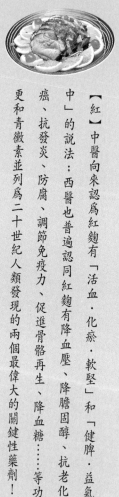

1

紅糟肉

燒紅糟肉，你考慮用什麼肉？在以前大概誰都會想到三層肉，現在還是用三層肉吧，瘦肉眞的不好吃。

雖然肥肉和糖是令人又愛又怕、最容易上癮又不能多吃的食物。有了紅糟，可以稍稍放心，盡情地享受美食，又不必擔心影響健康。紅糟肉不但香味令人垂涎三尺，口感更豐富，一口咬下去，外皮彈牙，肥肉肥而不膩，入口即化，瘦肉嫩而有嚼頭。

紅糟三層肉流傳了千百年，歷久不衰，你忍得住嗎？

子排帶皮骨三層肉

紅糟肉　材料及做法

材料：

1.五花肉（一斤左右）一塊。

2.紅糟三～五湯匙，米酒約五十ml。

做法：

1.五花肉切二公分厚塊狀或立方塊。

2.拌入紅糟放入冰箱冷藏，醃半天、一天皆可。

3.醃好的糟肉放入鍋中加米酒大火煮滾，改小火燜煮約一小時。

小撇步Tips：吃完肉塊，剩下來就是混合了紅糟的豬油，可以拌麵、拌飯，也可以再加點肉末，炒成肉燥——因為很油，用絞雞肉比較好。

2 素肉燥

常聽朋友抱怨，紅糟肉雖然健康、好吃，但是有點苦味。我總說苦中回甘也不錯，何況有些人還特別愛吃苦瓜。話雖如此，不能接受苦味的人，還是老大不願意。

其實有些人跟我買紅糟的餐方，也有同樣的問題。也有人建議紅麴少放一點，但少了紅麴發不好，變成醋又酸又苦不是更糟。無論如何，美食的定義是色香味，最好還兼顧健康。

紅糟五花肉很肥，蒸出來不少肥油，就用吃完五花肉剩下的紅糟和肥油拌素肉燥，加了香菇和素肉，紅糟的苦味淡了，五花肉的肥油也稀釋了，素肉也變得香滑不澀，眞是一舉數得。

素肉燥　材料及做法

材料：

1.素肉乾碎末、香菇四、五朵。
2.紅糟五花肉剩的油和紅糟。
3.醬油、味醂各一湯匙。

做法：

1.小火把紅糟肉油煮化。
2.香菇冷水泡軟切細丁。
3.放味醂和醬油，再放素肉末、香菇。
4.大火煮滾後改小火收乾湯汁。

小撇步Tips：素肉不要先泡水，直接用紅糟油和醬油味醂中的水份就夠了，否則湯汁收乾要煮好久。

3 紅糟小排

每次提到紅糟肉，我說最好吃的還是三層肉。每個人的反應不一，有些人一臉饞相欣喜贊同，有些人看表情就知道他心裡在說：肥死了。我心裡也想，算了，不懂得享受膏腴美味，拉倒！

怕三層肉太肥，可以換成小排骨。我就是三層肉自己吃，小排骨待客。一樣把紅糟和小排骨拌勻，醃一兩天，小火燉一個多鐘頭。雖然少了肥肉入口即化的口感，瘦肉仍然鮮嫩多汁，還增加了筋肉的彈性，吃完再把骨頭嚼一嚼，滿口骨髓的鮮香。

紅糟小排　材料及做法

材料：

1.小排骨二、三斤。

2.紅糟一碗，米酒二、三湯匙。

做法：

1.小排骨洗淨切立方塊。

2.紅糟小排、米酒混合拌勻冰箱冷藏。

3.醃一兩天後，在大火上煮滾，改小火燜一小時。

4.肉取出來，盛盤中，放一兩支芫荽做配飾。

小撇步Tips：鍋裡剩的紅糟，可以拌麵、拌飯，或加絞肉做肉燥。

4

紅糟燜豬腳

不會做菜，就拿紅糟當作萬能醬料。任何食材，拌上紅糟，蒸熟、煮熟、炒熟、炸熟……就可以上桌。即使手藝差，吃起來絕不會太離譜。

每次用紅糟做一兩道菜，每次都成功，覺得滿好吃的，對廚藝有了信心，一時技癢，挑戰手續複雜一點、較高難度的料理。紅糟滷豬腳就是這種情緒下創造出來的。

萬萬沒想到，這菜有糟香，配高麗菜的清香，外皮脆又彈牙，瘦肉絲絲餘香，肥肉香軟滑濡，口感、口味、香味……環環挑逗味蕾，令人高興得手舞足蹈。

紅糟燜豬腳　材料及做法

材料：

1. 豬腳一隻，高麗菜半顆，或數棵矮腳白菜、小白菜……均可。
2. 紅糟一碗、油一大碗。

做法：

1. 豬腳洗淨切塊放入紅糟中，醃半天至一天。
2. 取出醃好的豬腳，把沾在豬腳上的紅糟剎乾淨。
3. 起油鍋，豬腳用大火炸透。
4. 高麗菜洗淨切寬條，加紅糟拌勻。
5. 用一個大蒸碗，豬腳墊底，上面鋪高麗菜絲，大火二小時。
6. 用一個深一點的大盤子，把豬腳反扣在盤子上，再蒸約半小時。

小撇步Tips：第六道手續，把蒸碗反扣再蒸，才能把豬腳的肥油讓高麗菜吸透。

5 紅糟小里脊

路邊攤的鹽酥雞誰不愛，香味從路頭傳到路尾，老遠就聞到了，令人垂涎三尺。家裡兩個孩子每次想吃鹽酥雞我都不太敢買，因爲聽說雞肉裡荷爾蒙太多，常吃雞的孩子早熟，也聽說小學三四年級有些常吃雞的女孩，已經來月經了。

爲了解饞，只好照鹽酥雞的配方，炸小里脊肉替代。多年下來，大家都習慣了小里脊的口感，反而不喜鹽酥雞了。現在已近耳順之年，同輩的朋友中，早在十多年前就杜絕油炸食物了。忍不住貪嘴時，用紅糟調味，可以減少一點吃得不健康的罪惡感。

小里脊本來就夠嫩了，用紅糟醃一天，大火炸九十秒，就是又香又嫩的養生美食。

紅糟小里脊　材料及做法

材料：

1.小里脊一條。
2.紅糟一碗，油半鍋，地瓜粉適量、蛋白一個。

做法：

1.小里脊切成一公分寬、三公分長條狀。
2.把紅糟拌入小里脊放冰箱醃一天。
3.取出小里脊，撥掉紅糟，裹上蛋清，沾滿地瓜粉。
4.起油鍋，油滾後放入小里脊大火炸熟。

小撇步Tips：因為小里脊熟得很快，所以最好全部沾滿地瓜粉再一條條下鍋，否則會手忙腳亂。

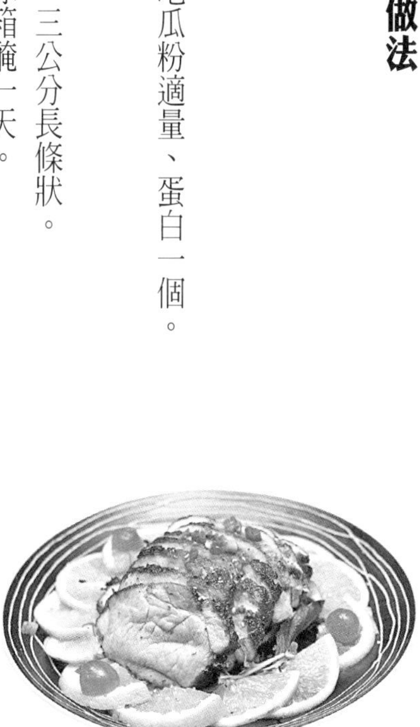

6 紅麴香腸

打電話和台灣朋友聊天，聽說菸酒公賣局賣起香腸來，是特殊口味的紅糟香腸，我一聽就興緻勃勃地在家裡試做起來。

紅糟本來就適合肥膩的食材，香腸瘦了也不好吃，當然就買五花肉配胛心肉做紅糟香腸。爲了口感好，特地不用絞肉，自己努力地切肉塊。灌出來的香腸糟香四溢，酸甜苦辣鹹各適其份，得到不少讚美。唯一的遺憾是紅糟沒有黏性，香腸切開來有些就散了，只能做得小小的，一口吃一個。

最近看到台酒公司的廣告，賣的是紅麴香腸，紅麴的功能是替代防腐劑，紅糟香腸是個美麗的錯誤。

紅麴香腸　材料及做法

材料：

1. 最好用前腿瘦肉比較嫩，約三斤左右一塊。
2. 紅麴半茶匙，打成細粉。
3. 味醂一湯碗，醬油一湯碗、紅露酒三大匙。
4. 腸衣適量。

做法：

1. 瘦肉切成小姆指大小的肉塊。

2. 把所有的調味料和肉塊拌勻放冰箱醃一兩小時或半天一天皆可。
3. 把肉塊灌進腸衣，一邊灌一邊用針把腸衣戳洞，空氣放出來肉塊才壓得緊。
4. 灌一段綁一節，綁好晾在屋簷底下陰乾。
5. 一兩天外皮乾了就用牛皮紙袋裝了放冷凍。

小撇步Tips：香腸不要在太陽下曬太乾，也不要用炸的，蒸熟了切片最美味。

7

牛肉麵

你多久沒吃到正宗的川味牛肉麵了？這年頭講究養生，飲食清淡，又辣又鹹的川味牛肉麵已不受青睞，我也好久沒吃了。

母親和我做的牛肉麵在同輩中都是很有名的。早年媽媽做的是道地川味牛肉麵，只有放花椒、八角、醬油、豆瓣醬調味。後來放蕃茄、加洋蔥、豆豉、豆腐乳，我又學了放青木瓜、陳皮……牛肉有時是牛腩，有時牛腱，還用過牛排，後來覺得腓力邊最嫩。五十多年下來，不知改了多少次，每次牛肉麵都不一樣，口味記不得了，只有好吃的印象。

現在我用紅糟加豆豉燉牛肉，配蕃茄、洋蔥，吃過的人仍是讚不絕口，你也不妨試試。

牛肉麵　材料及做法

材料：

1.牛骨一副，牛腩一斤。

2.蕃茄二個，洋蔥一個，紅糟一碗，豆豉一湯匙。

做法：

1.牛肉汆燙去腥後放一碗紅糟燉四小時。

2.牛骨湯濾出來，放冷後冰箱冷藏。

3.把牛骨湯上面的油拿掉。

4.牛骨髓、骨頭旁邊的肉用刀子刮下來，盛碗裡。

5.牛腩汆燙去腥。

6.蕃茄、洋蔥、牛腩、牛骨湯、骨髓一起下鍋，大火煮開。

7.煮開後火小燉一小時。

8.一碗牛肉麵約淋二～三勺此醬。

8 牛肉凍

這原是一道下酒涼菜，加熱煮化拌麵又變成牛肉麵。外孫女小肥妹出生那天，女婿在醫院整整陪了三十六小時，回來出現在我面前，問我有沒有吃的；我這個新出爐的外婆也手忙腳亂，冰箱空空。中秋節他和老劉喝啤酒，還剩了一點牛肉凍，湊合著爲他煮一碗牛肉麵，他吃得津津有味，也不知道什麼下肚。

事後講起來，女婿跟女兒雙雙說，以後每年小肥妹生日，就吃這種牛肉麵。其實我這牛肉凍是高難度的料理，專爲下酒用的。一口含在嘴裡，肉凍化了，牛筋彈牙，再細嚼牛肉，慢慢享受它的滋味和口感，糟香四溢，苦中回甘。變成牛肉麵，囫圇吞棗大口吃下去，我還很心疼呢！

牛肉凍　材料及做法

材料：

1.大骨一副、牛筋三條、火鍋肉片半斤。
2.紅糟一碗、豆腐乳兩塊、味醂一湯匙、花椒粉半茶匙。

做法：

1.大骨燉湯做法如牛肉麵（見39頁）。
2.大骨湯、牛筋、豆腐乳、花椒粉、味醂一起放鍋中，大火煮滾。
3.煮滾後小火慢燉三小時。
4.牛筋撈出來切塊，再放回鍋中大火煮滾。
5.像吃火鍋一樣放入牛肉片，燙完牛肉，湯滾熄火。
6.整鍋放冷，放冰箱冷藏。
7.結凍後切成塊。
8.不用再沾醬，配香菜、蘿蔔絲上桌。

9 紅糟牛小排

牛小排是最簡單又好吃的牛肉料理，只要口味好，火候不是問題。

牛小排醃好，不管大火小火只要煎熟一定好吃，因爲牛小排的肉是肥瘦相間，煎過了頭仍然很嫩，火大煎得乾一點，火小汁多一點，廚藝再差都不會失敗。

以前用可樂醃牛小排再煎熟，是我的招牌菜。可樂可以打斷牛肉的蛋白鍵，做出來的牛小排酸、甜、鹹適中，又香又嫩。現在用紅糟取代可樂，紅麴也有很強的消化力，不但有嫩精（即俗稱「木瓜粉」的水果酵素）的效果，還分解了油脂肥而不膩。

紅糟牛小排　材料及做法

材料：

1. 牛小排六、七片，選骨小肉多的。
2. 紅糟半碗。

做法：

1. 牛小排塗滿紅糟醃一天，洋蔥一個。
2. 平底不沾鍋先燒熱。
3. 撥掉牛小排上面的紅糟，放鍋中以中小火煎。
4. 煎三分鐘再翻面煎一兩分鐘。
5. 用筷子插在牛小排上試試，沒有血水即可熄火。
6. 洋蔥切丁，放入煎牛小排的鍋中，把剩下的紅糟也放入鍋中，小火炒一下，洋蔥出水後，火開大，湯汁略收乾即可。
7. 洋蔥配牛小排盛盤上桌。

小撇步Tips：這菜可以用草菇取代洋蔥，也可以草菇加洋蔥一起煮，總之有葷有素，健康又美味。

10

燉羊肉

很多人吃紅糟，和我抱持著同一理由：爲了安心吃肥肉。

肥肉和糖都是最不健康又容易上癮的食物。尤其邁入中年以後變得愛吃肥，愛吃甜。年輕時候不需要特別忌口，反而小心謹愼；年紀越大越該忌口，卻越不想忌口，人性裡的叛逆因子，總是不時出現，在心頭撩撥一下。

我很佩服某些人爲了健康，犧牲很多樂趣。如果我不是這麼愛吃，就不會花那麼多腦筋，成天想著什麼東西好吃又不損健康。俗話說魚生火肉生痰，青菜豆腐保平安，但有兩個例外：一是鯽魚不上火，二是羊肉不生痰。

用紅糟燉肥肥的羊肉，很多人都可以滿足心願了！

燉羊肉　材料及做法

材料：

1. 羊肚腩一斤。
2. 紅糟一碗、薑五、六片。

做法：

1. 羊肉切塊，滾水汆燙後，撈起來濾乾水份。
2. 薑片先放入鍋中，開火在鍋子上擦一下。
3. 放入羊肉小火乾炒，炒至水份收乾。
4. 拌入紅糟，放入燉鍋中燉一小時半。

11 南乳炸雞

南乳炸雞有多好吃？只有兩個字形容「香、嫩」。

南乳是什麼？三國時代王粲詩中提到：「御宿秦粲，瓜州紅麴，參揉相拌，軟滑膏潤，入口流散。」有些人還在考證，王粲指的是紅糟還是紅糟豆腐乳？因爲軟滑膏潤，入口流散，我就覺得是紅糟豆腐乳，紅糟不是這樣的口感，紅糟豆腐乳廣東人稱南乳，粵菜中用得最多。

紅糟、白糟配黃豆、黑豆族的發酵食品都有獨特的口感和香味，紅麴有很強的消化力，可以打斷肉類食物的蛋白鍵，紅糟加南乳炸雞，不但細嫩多汁，酒香加醬香，更是絕配。

南乳炸雞　材料及做法

材料：

1.雞胸去皮骨二片、南乳兩三塊、紅糟一碗。
2.油兩大碗、麵粉適量。

做法：

1.雞胸切成十塊左右的雞塊。
2.紅糟加南乳加適量的水用果汁機打碎。
3.麵粉和，上述材料混合調成糊狀。
4.雞胸拌入，醃二、三小時。
5.起油鍋，鍋熱放油，油熱把裹好麵糊的雞胸放進去炸。
6.大火炸二分鐘，改中火炸五分鐘，再大火炸一分鐘起鍋。

12 香糟風雞

每到過年，都會做一些風雞，因爲我釀了很多酒，風雞是很好的下酒菜。在美國過農曆年當然沒有台灣熱鬧，但我們自己在家裡呼朋引伴，划拳、喝酒、擲骰子、打麻將……玩得不亦樂乎。

以前做風雞用花椒鹽，爲了防腐總是醃得太鹹。現在改用紅糟，紅麴是天然防腐劑，不但省鹽，手續簡化，顏色漂亮，又香又嫩，是我的得意傑作。

香糟風雞　材料及做法

材料：

1. 大公雞腿八～十隻。
2. 紅糟兩大碗，花椒二湯匙。

做法：

1. 紅糟和花椒拌勻。
2. 把雞腿放入紅糟中醃兩三天。
3. 雞腿取出，吊在陰涼通風處一星期。
4. 晾乾的雞腿用牛皮紙袋裝好放冰箱冷凍。
5. 吃時取出一隻蒸熟，放涼。
6. 剝掉皮，用手把雞腿撕成絲。
7. 淋點香蔴油拌一拌。

小撇步Tips：這菜可以做涼拌菜的基本材料，例如加洋菜黃瓜絲，配幾根紅蘿蔔絲，拌醋、拌味醂就是爽口小菜。

13

烤吳郭魚

很多人不喜歡吳郭魚，土腥味實在太重。我以前也不吃吳郭魚，現在發現台灣的養殖技術已經把吳郭魚養得不腥了。但是吳郭魚還有一個缺點，骨架子太大，肉太少，吃起來不過癮。

美國的吳郭魚（鱺魚）又回到三十年前的水準，不但有土腥味，還有魚腥味，但又捨不得完全否定它，想法子去腥，就是一道物美價廉的家常菜。研究實驗過幾次，終於做出來又香又嫩的鱺魚，只是手續有點麻煩，你想不想試一試？

烤吳郭魚　材料及做法

材料：

1.吳郭魚一條，最好不要超過十二兩。
2.米酒一大碗，黑胡椒適量，紅糟一小碗。
3.鋁箔紙一張。

做法：

1.吳郭魚刮洗乾淨，去內臟。
2.將吳郭魚泡在米酒中，撒少許胡椒粉。
3.浸一天後取出，全身塗勻紅糟。
4.用鋁箔紙包好，放入烤箱。
5. 204～232℃（約400～450℉）烤半小時。
6.烤好後稍冷打開鋁箔，撕去鱗及皮。
7.喜歡酸味可擠一些檸檬汁。

14

紅糟蒸魚

紅糟蒸魚大概是最簡單又討喜的料理了。有了紅糟的香味，蔥、薑、蒜、料酒、醬油都省了。

盤底鋪一層紅糟，魚放上去，再在魚身上抹一層紅糟，只要抹勻，多一點、少一點都無妨。大火蒸熟，鮮紅亮麗，香噴噴的上桌。

紅糟蒸魚　材料及做法

材料：

1. 魚一隻，十～十二兩左右。
2. 紅糟適量。

做法：

1. 魚去鱗，沖洗乾淨，稍微把水份瀝乾。
2. 魚身上劃兩刀斜口，兩面都要劃。
3. 盤底舖一層紅糟，魚放在盤上，魚身抹一層紅糟。
4. 用保鮮膜包好。
5. 大火把水煮滾，水滾才把魚放入蒸鍋。
6. 大火蒸六分鐘，熄火，在火上放六～八分鐘再開蓋。

15 帶子細粉

我一直都認爲紅糟本身就夠香了，燒魚燒肉放了紅糟，蔥、薑、料酒都不用放。仔細研究食物的香味，發現紅糟的香味足以去腥，試試加些別的香料也有更棒的風味。

其實我們的味覺，只能辨識三十多種口味；嗅覺卻可以分辨三百多種氣味，一道料理好不好吃，你喜不喜歡，氣味也很重要。想想看平常用的辛香料有沒有適合和紅糟搭的？基本上花椒、胡椒、辣椒可以配，蔥、薑、蒜也一定沒問題，洋蔥還好。至於有些氣味重的，不容易溶入食物裡的茴香、八角、九層塔……等，用的時候就要小心了。

我常常把辛香料切碎和食物拌在一起聞聞看，合適的就大量生產，不合適的就放棄。先做一小碟實驗，是一勞永逸的辦法。

帶子細粉　材料及做法

材料：

1. 新鮮干貝（帶子）四兩、培根片三、四條、粉絲二把。
2. 紅糟小半碗、洋蔥屑一碗、油二湯匙。

做法：

1. 粉絲用冷水泡軟瀝乾。
2. 帶子和紅糟拌勻，醃一、二小時。
3. 起油鍋油熱炒洋蔥。
4. 洋蔥炒軟放紅糟帶子下去煮滾熄火。
5. 用一個小砂鍋，鍋底先鋪培根。
6. 放入粉絲再把洋蔥帶子放在粉絲上。
7. 中火煮開熄火。

小撇步Tips：鍋底鋪培根的作用是不讓粉絲黏鍋又增香（如果你覺得不好吃的話），最後的培根可以丟掉。

16

紅麴花枝

紫蘇梅醬配花枝，口味鮮明最能刺激食慾，紫蘇能解魚蝦貝類的毒，尤其吃到不新鮮的海產，抓一把紫蘇嚼一嚼吞下肚就能解毒。紅麴能夠降低膽固醇，紅麴釀代替紫蘇梅醬，就不怕花枝的高膽固醇了。

紅麴釀拌花枝，花枝脆爽有嚼勁，酸甜適中，苦中回甘若隱若顯，淡而有味，是養生飲食中老饕級的料理。芹菜和海鮮堪稱絕配，夏天燙熟了吃涼拌，冷天熱炒各有風味。

紅麴花枝　材料及做法

材料：

1.花枝一隻，大芹菜半顆。
2.紅麴釀二湯匙，鹽適量、油三湯匙。

做法：

1.花枝洗淨，把筋膜剝掉，切成二公分平方小塊。
2.芹菜洗淨，抽掉老筋，切成二公分小段。
3.用少許鹽把花枝抓醃一下。
4.起油鍋，大火快炒花枝一分鐘。
5.煮一鍋水，水滾後芹菜放下去燙一分鐘。
6.把花枝及芹菜放入鍋中，加紅麴釀及少許鹽拌勻。

17

蒜茸鳳尾蝦

一直以爲紅糟的香味就夠了，平常做菜只要有紅糟，蔥、薑、料酒、胡椒……等去腥的調味料幾乎都用不上。沒想到紅糟料理還是可以配其它的辛香料，先試試氣味合不合，只要氣味能相同，做出來的菜別有一番風味。

以前炒蝦仁，爲了去腥，又是鹽抓又是醋洗，蝦仁洗乾淨好像剝了一層皮，硬生生小了一號。炒的時候，蔥、薑、料酒也少不了……費了好大功夫，朋友吃了我的炒蝦仁，淡淡的說一句，蝦味都沒有了。眞令人傷心。

經過幾次實驗，覺得紅糟配蒜茸蒸出來的蝦可以保有蝦味又不腥。

蒜茸鳳尾蝦　材料及做法

材料：

1.個頭大一點的蝦一斤。

2.蒜茸一湯匙，紅糟三湯匙。

做法：

1.蝦去頭，剪開殼去泥腸、把殼剝掉，保留最後一截殼及蝦尾，以清水洗淨。

2.紅糟和蒜茸拌勻。

3.把醬料均勻的蓋在蝦身上放盤內，再用玻璃紙蓋好。

4.蒸籠水煮滾，把蝦放入，大火蒸五分鐘。

5.熄火再燜三、五分鐘取出盤子。

6.把玻璃紙撕掉上桌。

小撇步Tips：用玻璃紙蓋緊，可隔絕蒸籠的水氣。

18 紅糟素燴

有時候覺得現代人眞幸福，山珍海味隨時吃得到。有時又覺得好像什麼東西都沒有以前好吃了，尤其豬肉、雞肉、雞蛋和一些養殖魚類，都有腥味。

蕈類植物給人的印象是味鮮氣香，所以稱做「山珍」。有一回老劉突發奇想，要我用七種蕈子燒在一起做「七鮮菇」。爲了遷就他的創意，我用破朴子把七種菇燴炒在一起。口感、口味都不錯，可惜感覺到有點腥臊，以前用紅糟燒蕈子時倒沒發現。不知道其中哪一種菇是用馬糞養殖的，或者都有可能。

現在我做素菜也會放一點蔥薑去腥，否則就用紅糟作醬料。

紅糟素燴　材料及做法

材料：

1. 雞腿菇三、四支、百果十多粒、蒟蒻一盒、筍一支、豆乾一包。
2. 油三大匙、紅糟一小碗。

做法：

1. 雞腿菇沖洗淨用手撕成條狀，再拉成兩三段。
2. 百果用清水煮熟。
3. 筍去殼切絲。
4. 豆乾切成丁。
5. 起油鍋油熱先炒雞腿菇，再放筍絲、蒟蒻及豆乾。
6. 炒約一分鐘，雞腿菇出水後放紅糟翻炒，湯汁滾後改小火。
7. 放入百果，湯汁略收乾即可。

小撇步Tips：雞腿菇用手撕或切片口感完全不同。順著纖維用手撕比較好吃。

紅麴甜不辣

走在美國華人區的街頭，中餐館林立，卻沒有興奮得食指大動，反而生起油膩的感覺，繞一圈最後極可能走進清爽又廉價的韓國館子。自從韓劇《大長今》風靡華人圈，韓式烤肉、豆腐煲也一間一間地入侵南加的中餐館區。可惜兩岸三地拍了多少次《紅樓夢》都是以愛情爲主，如果能拍一部紅樓美食的連續劇，中餐館就不會被豆腐煲打敗了。

前些日子看到報導，韓國人竟然把划龍舟變成他們的文化資產到聯合國註冊！眞把我氣昏了，好在紅麴風行全球，有個英文名字叫Anka，就是台語「紅殼」的音譯，這樣總搶不走了吧！

除了紅糟入菜，紅麴也可以做出很多養生美食，台酒公司有做紅麴餅乾、牛軋糖，在家裡可以自己炸紅麴甜不辣。

紅麴甜不辣　材料及做法

材料：

1. 黃秋葵六支、四季豆六支、南瓜片六片、鮮香菇五朵、甜椒一個。
2. 油炸粉和紅麴的比例爲一：三，油一大碗。

做法：

1. 黃秋葵、四季豆洗淨，濾乾水份。
2. 鮮香菇洗淨對切成兩半，甜椒洗淨去籽切一公分細。
3. 南瓜整顆在滾水中煮兩分鐘，放涼取出切開去籽，不削皮，切半公分薄片。
4. 紅麴磨粉，和油炸粉加水調成濃稠糊狀。
5. 裹衣做好，均勻塗抹在食材上。
6. 起油鍋，油熱滾後大火炸熟。

小撇步Tips：自己做紅麴甜不辣，油炸粉的比例不容易調配，不妨把沾甜不辣的醬油蘿蔔泥沾醬改用紅糟醬。
做法：紅麴豆乳一塊，混合一湯匙紅糟、一湯匙味醂，果汁機打碎拌勻即可。

20 紅糟糖心蛋

滷蛋有兩種：一種是一直煮、一直煮，煮到蛋白乾乾硬硬的稱作鐵蛋；另一種用低溫慢慢泡、蛋黃是半固體狀，稱作糖心蛋。紅糟蛋的做法也有兩種：一種像茶葉蛋，連殼用小火慢慢燉，一直保溫吃熱的；一種像滷糖心蛋吃冷的。

糖心蛋屬於高難度的料理，失敗了就當做一般滷蛋吃，做成了會很有成就感。一般市面上賣的都是養殖蛋雞生的蛋，吃起來有雞臊味，蛋冷了臊味更重，所以做紅糟糖心蛋要另外加些薑去腥。

紅糟糖心蛋　材料及做法

材料：

1. 雞蛋一打。
2. 紅糟一小碗，雞湯罐頭一個約三百克，薑一塊。

做法：

1. 雞蛋洗乾淨。
2. 紅糟、雞湯、薑在鍋中煮滾。
3. 放入洗淨的雞蛋繼續煮三分鐘。
4. 放冷後取出雞蛋剝殼後再放回鍋中。
5. 放冰箱泡兩三天後食用。

小撇步Tips： 雞蛋不能煮超過三分鐘，否則蛋黃就凝固了。剩下的滷汁可拌麵、拌飯。

21 紅糟蛋

加工蛋製品好像很難兩全其美，皮蛋、鹹蛋都是蛋黃好吃，蛋白比較不受歡迎。滷蛋的蛋白好吃，但蛋黃乾乾的；只有茶葉蛋，無論煮多久，蛋白不會變硬，蛋黃也保持鬆軟。所以很多便利商店都有一鍋茶葉蛋，在鍋裡保溫一直煮著，香味也就一直一直飄著，招徠許多聞香而來的客人。

紅糟蛋的靈感來自茶葉蛋，只是把茶葉五香粉換成紅糟，以糟香取代茶香。夜貓族在冬夜裡用紅糟蛋當點心，變換一下口味，吃得簡單健康，心中有一股踏實的溫暖。

紅糟蛋　材料及做法

材料：

1.雞蛋一打，選大一點的。

2.紅糟約一湯碗。

做法：

1.雞蛋泡在水裡約五、六小時。

2.中小火把雞蛋連水一起煮開熄火。

3.放冷的雞蛋拿出來，一個個敲裂蛋殼。

4.鍋中放紅糟，加兩三碗清水，把蛋放水中。

5.以中火煮開，可熄火也可以用極小的火保溫。

22 涼拌高麗菜

京奧開幕，每個老外都讚嘆不已。也有酸葡萄的，有個老外說中國就是人多，在美國就無法找到那麼多身材、膚色、髮色一模一樣的人。

美國是個民族大熔爐，紅白黑黃各色人種，高矮胖瘦形形色色。不但長得不一樣，連氣味也不同。有一次陪小女兒逛街，靠在椅子上休息時，發現即使閉著眼睛，什麼人經過都聞得出來，印度人的咖哩味，老墨一身辣椒，中年男子的刮鬍水、香水，青少年的止汗劑，老女人身上有粉味，還有中東人身上的各種香料……

食物也有不同的味道，韓國餐廳的泡菜，麥當勞的炸薯條，中國餐廳的叉燒，墨西哥人的洋蔥配甜椒，我這味洋蔥配香菜，你猜得出是哪一國的味道嗎？

涼拌高麗菜　材料及做法

材料：

1. 高麗菜一顆、香菜一把、紫洋蔥二個。
2. 紅糟半碗、鹽適量、味醂二湯匙、醋二湯匙。
3. 去皮花生米一碗。

做法：

1. 高麗菜洗淨，用手撕成半個巴掌大小。
2. 放鹽高麗菜醃一天冰箱冷藏。
3. 醃好的高麗菜擠掉水份，再用冷開水清洗一遍。
4. 洋蔥、香菜洗淨，瀝乾水份切絲。
5. 紅糟、味醂、醋，和高麗菜、洋蔥、香菜拌勻。
6. 花生米壓碎，上桌前撒在菜上。

23

涼拌雙脆

這是夏天的消暑小碟，也是美味的養生飲食。

脆綠的小黃瓜清腸胃，蓮藕清血、涼血，紅麴更有「血液的清道夫」美譽。

小黃瓜、蓮藕加紅麴涼拌，紅白翠綠，賞心悅目。小黃瓜清脆爽口，蓮藕脆而綿細，絲絲相連，各種口感滋味層層變化，吃了還想再吃。多吃不胖，不增加腸胃負擔，這種好事，僅此一味。

涼拌雙脆　材料及做法

材料：

1. 蓮藕二節、小黃瓜三條。
2. 紅麴釀二湯匙、醋一湯匙、味醂適量、橄欖油適量、鹽一茶匙。

做法：

1. 小黃瓜切二指節長一指寬，蓮藕切片。
2. 放鹽醃小黃瓜。
3. 放醋醃蓮藕，與小黃瓜分開醃。
4. 半小時後把小黃瓜醃出的汁倒掉。
5. 拌入蓮藕、味醂，加少許橄欖油。

小撇步Tips：吃蓮藕最好連皮，但要仔細把泥漿刷乾淨。蓮藕切片後立刻放在醋中才能保持雪白。

24 紅糟鮮菇

早年素菜沒什麼變化，大部份是香菇配豆腐製品。尤其香菇，幾乎每道美食都少不了放兩三朵香菇。就是素菜裡香菇用得太多了，讓素食族對香菇吃到膩，給香菇取了個別名叫「和尚怕」。

近年市面上突然出現了好多新品種的蕈類植物。炒出來鮮嫩、脆爽、細滑，口感超豐富，而且各有清香。我在超市，看到鮮菇就抓一包，管它有幾種，統統買回來炒在一起，因爲我胃口大又愛吃，只有筍子和菇類最容易飽又不怕胖，而且每天吃一點蕈類孢子植物可以防癌。

口感豐富、料理容易，抗癌又不怕肥，但每天吃也會膩，只有在口味上作些調整，炒鮮菇可以放鹽、醬油、蠔油、紅糟、味噌、破朴子，有了不同的醬料，更是百吃不膩。

紅糟鮮菇　材料及做法

材料：

1. 各種蕈類植物如香菇、鮑魚菇、草菇、金針菇、蘑菇、雞腿菇……加總起來大約一斤。
2. 油二湯匙，紅糟二湯匙。

做法：

1. 蕈類略沖洗一下，把下部的根切掉，瀝乾水份。
2. 起油鍋，油熱放下鮮菇大火炒軟。
3. 炒軟出水後放紅糟，拌勻，湯汁滾了就可熄火。

小撇步Tips：這道菜湯汁很多，可以拌飯或拌麵。

猴頭菇、香菇、雞腿菇、蟹味菇……
多種蕈類食材，滋味豐富又健康!!

25

長壽餅

我很少做麵食，但是我每次做餅，不管是蔥油餅、烙餅還是小時候的三角大餅，總有一堆人迫不急待的站在爐邊等。

最近最紅的健康食品就是香椿，因爲香椿的成份裡有一種很強的抗氧化劑。以前只是用香椿的嫩芽拌豆腐、炒蛋，現在健康食品店把香椿葉磨成一瓶好幾百元。朋友送了我一瓶香椿醬，她用香椿醬配松子、玉米炒香椿飯，純素清香，好好吃。我本來想有樣學樣，但家中現在只剩兩口人，做一大鍋飯放久了都不新鮮了，決定做香椿松子餅，做多少吃多少。

香椿和松子配在一起，香味說不出來有多棒，和麵時加點紅麴粉，更把香味提到最高點。紅麴、香椿、松子都是超級養生抗老食物，這樣的組合堪稱天下一品的養生美食，常吃當然能夠長生不老。

材料：

1. 麵粉半斤，紅麴粉一湯匙。
2. 香椿醬適量，松子二兩。

做法：

1. 麵粉分成兩份，一份冷水和麵，一份滾水和麵。
2. 紅麴加一點水用果汁機打碎，加入冷水麵中拌勻。
3. 和好麵，醒半小時後再把兩團麵和在一起，做成一個個麵糰。
4. 松子磨碎和香椿醬拌勻。
5. 麵糰擀成餅撒少許香椿松子醬在表面，捲起來，捲成一個個麵糰。
6. 把麵糰擀成餅，用平底鍋以中火烤三分鐘，翻面再烤二分鐘。

26 紅糟米糕

記得我生女兒時，送親友的是滿月油飯和蜂蜜蛋糕，是當年最流行的中西合璧禮盒。去年添了個外孫女，親自下廚做紅糟米糕分送親友，大家都讚不絕口，也許是懷鄉情結吧，最近紅糟米糕在台灣紅得不得了，在美國還沒有賣。

家中添丁弄瓦本來就是喜事，紅色最能代表喜洋洋的氛圍，何況紅糟是當紅的養生食品，用紅糟米糕取代滿月油飯當然是明智之舉。

紅糟米糕也就是油飯，材料、做法也一樣，只是加了紅糟，油飯起鍋時倒米酒拌勻，用紅糟取代米酒酒味淡多了，吃起來更綿細。

紅糟米糕　材料及做法

材料：

1. 長糯米二碗，香菇丁、筍丁、蝦米各半碗，玉米、豌豆罐頭各一個。
2. 油三湯匙、紅糟一碗。

做法：

1. 糯米煮熟成糯米飯備用。
2. 起油鍋炒筍丁、香菇、蝦米，炒香後放入玉米、豌豆罐頭，以大火煮乾湯汁。
3. 湯汁收乾後放紅糟拌炒，均勻即熄火。
4. 糯米飯倒用鍋中，用飯匙拌勻。

27 炸豬排

市場裡的熟食攤，常有賣紅糟肉，就是瘦豬肉用紅糟作裹衣，炸香的。有時也許是醃得時間不夠，也許是炸得太老，現炸現吃還好，放冷了再熱口感就會乾乾硬硬的。

豬排比一般瘦肉嫩，自己在家裡醃豬排炸香，只要醃的時間夠久，讓紅糟把瘦肉軟化，再把握好火候，保證你不會再想買市場現成的。

炸豬排　材料及做法

材料：

1. 豬排五片，是否帶骨皆可。
2. 紅糟一碗，豆腐乳一塊、蛋白二個、蕃薯粉適量。
3. 油兩大碗。

做法：

1. 豬排用刀背或專門搗肉的槌子搗軟。
2. 紅糟和豆腐乳加一點水用果汁機打碎。
3. 把豬排放紅糟豆乳裡醃數小時。
4. 豬排上的紅糟醃料擦乾淨。
5. 兩面沾滿蛋清再沾蕃薯粉。
6. 起油鍋，油熱放入豬排大火炸三分鐘。
7. 改中小火再炸五分鐘。
8. 起鍋前再用大火炸一下，看油裡的泡泡變小消失再拿出來放漏勺裡濾油。

小撇步Tips：如果家裡有夠深的專用油鍋的話，可以把豬排垂直下鍋，這樣炸出來就有專業水準。

28

紅糟白菜

人是胖子迷糊瘦子精，辣椒、蔥也是細的香辣粗的淡，很多蔬菜水果也如此。平常喜歡吃小青梗菜，就因爲它的香味比較濃，自從吃過矮腳白菜後，小青梗菜的香味也感覺不夠濃了。

矮腳白菜是什麼樣子？我比喻它是青梗菜裡的黑矮子。當然長得和青梗菜一族很像，但比較矮胖，菜葉深綠，菜梗雪白。它是白菜裡最小尺寸的菜，卻短小精幹，好吃易料理。此菜葉子有一點厚度，不像一般白菜葉一炒就軟，菜梗皮細肉厚，纖維少，脆甜多汁。平常炒白菜要先炒菜梗，梗子軟了再放葉子，矮腳白菜就省了這道工夫，不必葉子梗子分開炒。炒出來的菜白綠相間，色彩鮮明，放一點紅糟調味，味精、糖、鹽都省了。

紅糟白菜　材料及做法

材料：

1. 矮腳白菜八～十兩。
2. 油三湯匙、紅糟一湯匙。

做法：

1. 白菜洗淨濾乾水份。
2. 每片葉子撕開。
3. 起油鍋，油熱放白菜下去炒。
4. 約三、四分鐘，菜炒軟把紅糟放進去調味。
5. 紅糟拌勻，熄火。

【白之筵】

【白】中醫以白麴爲藥，民間且稱以「酒藥」——既入藥方，也是讓酒越陳越香的引子；西醫觀點則驗證白麴釀造產品有降血壓、助血栓溶解、預防骨質疏鬆、降膽固醇、預防糖尿病、抗氧化、防癌、駐顏、預防健忘、預防皮膚病、滋潤肌膚、美白除斑……等功能。

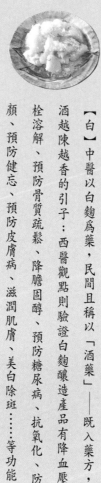

29

補骨湯

有一次跟老劉生氣，眼前一只箱子，我以爲是空的，用力一踢，踢到鐵板，腳趾頭又腫又痛。老劉用藥酒幫我揉，邊揉邊唸：「什麼年紀了，脾氣還這麼大，萬一骨折了怎麼辦……」

還好！腳趾只腫了一兩天，走路也沒有很痛，所以沒在意，不知不覺就好了。眞多虧我喝了二、三十年的海陸空高湯。當年燉這湯是預防老了骨質疏鬆，小孩子正在發育希望強壯骨骼長的高一點。當時並不知道紅麴、白麴還能防止骨質疏鬆，甚至骨質疏鬆還能逆轉、防止骨折，只是自己天天做酒釀，想到燉湯放酒釀比放米酒好喝也營養，眞是幸運。

現在這湯連小外孫女都愛喝，在我們家已傳了三代了。

補骨湯　材料及做法

材料：

1. 一隻燉湯老母雞、一副豬大骨、一斤雞腳、一碗小魚干。
2. 甜酒釀一碗、米醋小半碗、蔥二支、薑一塊。

做法：

1. 老母雞、大骨、雞腳用滾水汆燙一下去腥。
2. 老母雞、雞腳儘量剁碎，小魚乾清洗一下。
3. 蔥薑拍碎。
4. 所有的材料放入鍋中加水至八分滿大火煮滾。
5. 水滾後小火慢燉八小時以上。
6. 燉好濾掉渣，放冷後放冰箱冷藏。
7. 結凍後把上面浮的油撈出丟掉。

小撇步Tips：這鍋湯底大約喝一星期，如果喝的時間較久，可用塑膠袋分裝放冷凍。

酸菜豬腳

我很愛吃豬腳，從皮到肉到骨，層層的口感變化豐富。蒸透的豬腳皮軟嫩彈牙，肥肉連著瘦肉，潤而不澀、又細又滑，骨頭邊的筋肉啃起來更過癮。

如果買不到黑毛豬，豬腳最好用烤的或炸的去腥。但是烤的上火氣，炸的更不健康，除了放多一點辛香料去腥，用香糟醃就方便多了。何況現代人廚藝不精，火候把握不好，炸老了、烤焦了都有可能，小火慢燉還是比較保險又省工。

酸菜豬腳　材料及做法

材料：

1. 豬腳一整隻，酸白菜一顆。
2. 花椒一茶匙、薑粉一茶匙、鹽一茶匙、白糟半碗。

做法：

1. 豬腳剁成五、六大塊。
2. 酸白菜切絲。
3. 把所有的調味料和酸白菜拌勻。
4. 在燉鍋底鋪一半酸白菜。
5. 把豬腳放在白菜上。
6. 再把剩下的酸白菜鋪在豬腳上。
7. 燉三小時關燉鍋電源。

31

元氣雞湯

朋友父親年邁，吃喝都沒有力氣，中醫要她一天燉兩隻老母雞給她爸爸補元氣，結果老人家健康地多活了六年，從此我們都迷信燉湯老母雞。

女兒坐月子，一個月吃了我六十隻雞——每天一隻老母雞燉湯，另一隻烏骨雞用雞湯煮。才滿月，做起家事來力大如牛，身材卻沒有變形走樣。

這雞湯不但大補元氣，而且那香濃的滋味還眞是人間少有。

元氣雞湯　材料及做法

材料：

1.燉湯老母雞一隻，烏骨雞一隻。

2.甜酒釀一碗，醋一湯匙，蔥、薑、料酒適量。

3.香菇六、七朵，嫩筍二個。

做法：

1.老母雞汆燙後剁碎。

2.放一碗甜酒釀，一湯匙醋一鍋水，把老母雞放入鍋中以大火煮滾。

3.煮滾改小火，慢燉六小時。

4.倒出雞湯，把渣濾掉，放冷後，再放冰箱冷藏。

5.雞湯結凍後把上面的肥油挖掉。

6.烏骨雞滾水汆燙一下。

7.香菇冷水泡軟。

8.嫩筍去皮切片。

9.烏骨雞、香菇、筍片放入雞湯中燉煮。

10.拍兩支蔥，拍一塊薑，少許料酒放入湯中。

11.大約燉二十～三十分鐘，雞肉熟而不硬即可。

32

酒釀炸醬

做炸醬用什麼食材？現今市面上的炸醬五花八門。有些炸醬裡放豆乾、香菇，甚至有放筍丁、豌豆、花生米……已經從炸醬變身八寶醬了。

早年做炸醬很簡單，醬油、料酒、醃絞肉，熱油炸香，所以稱作炸醬。可能食材越加越多，炸醬之名也以訛傳訛，變成雜醬，我還看過小餐館寫成「酢」醬。不過以前黑毛豬肉不臊，有肉有醬油料酒就夠了，現在豬肉臊得很，再依此古法做正宗炸醬，恐怕太腥難入口。

要做出好吃的傳統炸醬，料酒是關鍵。用上好的高粱，多放點胡椒，會好很多；高粱太貴，喜歡甜一點，就用甜酒釀當料酒。酒釀的香味足以壓過豬肉的腥臊。雖是一味簡單的炸醬，卻能考驗廚師的功力。

酒釀炸醬　材料及做法

材料：

1. 絞肉一斤。
2. 醬油二湯匙、酒釀三湯匙、黑胡椒適量、油二湯匙。
3. 蔥二支洗淨切蔥花。

做法：

1. 絞肉、醬油黑胡椒拌勻。
2. 起油鍋，油熱放絞肉下去大火快炒。
3. 炒至絞肉散成顆粒，再改中火炸乾一點。
4. 放酒釀小火煮二、三分鐘。
5. 上桌前撒上蔥花。

33 鹹魚燒肉

逛菜市場、看食譜，會讓家庭主婦做菜時增加許多的創意。菜市場有許多菜是平常想不到要買的；食譜裡有些材料組合，也是平常不會想到這樣搭配。我看食譜不看做法，只看材料，然後自己去摸索。

鹹魚燒肉的靈感來自鰲魚排骨和蒸鰻乾。平常在家裡做菜，不用買那麼貴的鰲魚，用鹹魚就可以。喜歡肥就用三層肉，怕肥就用小排骨，傳統蒸鰻乾用紹興酒，我也發現紹興黃酒系列配醃鹹魚最合適。甜酒釀是黃酒的前身，又有甜味，和鹹魚燒肉配得剛剛好。

鹹魚燒肉　材料及做法

材料：

1. 五花肉一斤、鹹魚乾三、四片、扁尖筍半斤。
2. 甜酒釀三湯匙。

做法：

1. 五花肉切二公分大小立方塊。
2. 鹹魚乾清水沖洗一下，用剪刀剪成半塊豆腐乾大小。
3. 五花肉、鹹魚乾、甜酒釀一起下鍋加半碗水大火煮滾。
4. 水滾後改小火燜四十分鐘。每隔十分鐘蓋緊鍋蓋翻抖一下。
5. 扁尖筍泡三小時左右洗淨切段。
6. 把五花肉、鹹魚撈起來，放扁尖筍入鍋，大火煮滾後改小火燜半小時。
7. 再把五花肉及鹹魚放回鍋中燜五分鐘。

34

金菇牛肉

火鍋牛肉片，哪一種最好吃？台北只有東門、南門傳統大市場有賣，據說一頭牛只有六斤，看起來瘦肉片上有一條肥油，吃起來肥的不膩、瘦的嫩，稱作腓力邊。第二名的是五花肉片，港台稱肥牛，日本稱雪花牛，美國人說是大理石。

雪花牛肉很嫩，燒烤也很適合。每次家裡辦B.B.Q，我就醃一些雪花牛肉叫小孩子幫忙包金針菇烤來吃；做得很小巧，一口一個感覺很精緻。一入口，香甜的肉汁流溢滿嘴，再品嘗肉片的細嫩、金菇的軟香，難得的好滋味！這菜老少咸宜適合做下酒菜，湯汁澆飯每個小孩子都愛。

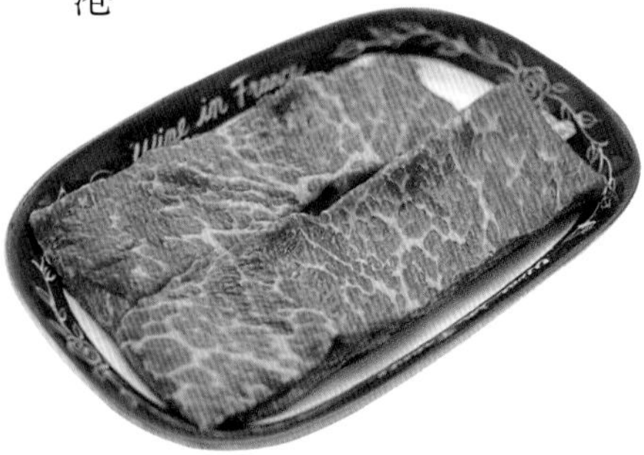

金菇牛肉　材料及做法

材料：

1. 金菇一包配五、六片牛肉。
2. 醬油、酒釀、味醂二：二：一比例。
3. 少許黑胡椒粉。

做法：

1. 牛肉片醃在醬油、酒釀、味醂、黑胡椒混合拌勻湯汁中，放冰箱二、三小時。
2. 金針菇分成一包五、六份。
3. 用醃好的牛肉片把金菇包在裡面，烤箱177～204℃（約350～400℉）烤二十分鐘。

35

糟香雞肫

紅麴適合生長在溫暖潮濕的地區，所以台閩粵沿海用紅糟醃肉、醃魚的較多，江浙一帶比較會用白糟。我生長在台灣，平常家裡時時備有紅糟，就像醬油、鹽一樣常用。白糟用得不多，過年時醃螃蟹、大蝦，才想起來用白糟。

紅糟分解力強，刮油，醃三層肉最好，白糟香味濃，有收斂、緊縮的功能，醃雞肫又香又脆有嚼勁，是絕好的下酒菜。做一鍋白糟放冰箱裡，雞肫醃在裡面，隨時拿出三兩個蒸一蒸切片就可以吃，只要不污染，白糟可以放一個冬天。

INK PUBLISHING

讀者服務卡

您買的書是：______________________________

生日：________年________月________日

學歷：□國中　□高中　□大專　□研究所（含以上）

職業：□軍　□公　□教育　□商　□農

□服務業　□自由業　□學生　□家管

□製造業　□銷售員　□資訊業　□大眾傳播

□醫藥業　□交通業　□貿易業　□其他______________

購買的日期：________年________月________日

購書地點：□書店　□書展　□書報攤　□郵購　□直銷　□贈閱　□其他

您從那裡得知本書：□書店　□報紙　□雜誌　□網路　□親友介紹

□DM傳單　□廣播　□電視　□其他

您對本書的評價：（請填代號 1.非常滿意 2.滿意 3.普通 4.不滿意 5.非常不滿意）

內容______　封面設計______　版面設計______

讀完本書後您覺得：

1.□非常喜歡　2.□喜歡　3.□普通　4.□不喜歡　5.□非常不喜歡

您對於本書建議：

感謝您的惠顧，為了提供更好的服務，請填妥各欄資料，將讀者服務卡直接寄回或傳真本社，我們將隨時提供最新的出版、活動等相關訊息。

讀者服務專線：（02）2228-1626　讀者傳真專線：（02）2228-1598

廣告回信
台灣北區郵政管理局登記證
北台字第15949號

235-62
台北縣中和市中正路800號13樓之3

印刻出版有限公司　收

讀者服務部

姓名：＿＿＿＿＿＿＿＿　性別：□男　□女

郵遞區號：＿＿＿＿＿＿

地址：＿＿＿＿＿＿＿＿＿＿＿＿＿＿

電話：（日）＿＿＿＿＿＿＿＿（夜）＿＿＿＿＿＿＿＿

傳真：＿＿＿＿＿＿＿＿

e-mail：＿＿＿＿＿＿＿＿＿＿＿＿＿＿

INK

糟香雞肫　材料及做法

材料：

1. 白糟一鍋。
2. 雞肫十五～二十只。

做法：

1. 雞肫切開，內外都要洗得很乾淨。
2. 鍋子燒熱，把雞肫內面在熱鍋上燙一下。
3. 把內面的皮撕掉。
4. 用乾淨的布把雞肫擦乾，放到白糟裡。
5. 雞肫全部埋在白糟裡，醃三天以下。
6. 取出雞肫，把表面的白糟沖乾淨。
7. 大火蒸熟，大約水滾後要再蒸十分鐘。
8. 蒸熟的雞肫放冷後切薄片。

36

醬油雞

傳統的養生觀念，認爲雞補女人，酒釀也補女人，所以酒釀和雞配在一起是最適合的。我自己實驗過料理雞的各種方式，結論是炸雞用紅糟好，燉雞用酒釀比較合適。

這是一道多功能、調味簡單的家常菜，只是酒釀、醬油煮雞而已，就稱它爲醬油雞。醬油雞可當主菜，可做下酒菜，還可以帶便當，冷食熱食各有風味。現代有些小家庭不是天天開伙，煮一隻雞吃兩三天，方便又營養。

醬油雞　材料及做法

材料：

1.肥雞一隻約一千三百公克（約三磅）、蔥二支、薑三、五片。

2.醬油五百CC、酒釀二碗、清水一碗。

做法：

1.雞洗淨掛起來約一、二小時把水份滴乾。

2.醬油、水、酒釀放鍋中煮滾。

3.把雞放入鍋中加蔥薑。

4.用中小火蓋緊鍋蓋，把雞煮滾。

5.雞煮滾後再煮二十分鐘。

6.每隔四、五分鐘揭開鍋蓋把雞翻一個身。

7.把煮好的雞整鍋端起，放在耐熱板上。

8.約十分鐘後再掀鍋蓋把雞撈出來。

9.可以用刀切，或用手撕。

小撇步Tips：如果要雞看起來油油亮亮比較漂亮，就用刷子沾麻油或橄欖油刷雞身。

37 香煎棒棒腿

土雞肉又老又硬，適合做白斬雞或燉雞湯。飼料雞肉質軟軟的，只有雞腿還好一點，雞胸肉又名傻公肉，大家都不願意做傻公。不過雞腿是紅肉，雞胸是白肉，到底是吃雞胸的人還是吃雞腿的人傻？

平常做菜，只用雞腿的下半截，棒棒腿，是很好的選擇，因爲整隻雞腿太大，不容易醃入味，整隻吃下去又太撐。棒棒腿大小適中，不但容易入味，火候也好掌握，做出來不會夾生。

用酒釀、蒜末、豆豉醃雞腿，再以中火煎熟，在冰箱可放三、五天不變味，加熱又耐蒸、耐微波，帶便當最宜。

香煎棒棒腿　材料及做法

材料：

1.棒棒腿十～十二隻。
2.醬油一碗，豆豉一湯匙、酒釀一碗。
3.三～五顆蒜頭去皮打碎、油二湯匙。

做法：

1.所有的配料拌勻。
2.棒棒腿剝去皮再泡入醃料（2.）中。
3.放冰箱冷藏半天一天。
4.起油鍋油熱放棒棒腿排列整齊。
5.改中火，蓋上蓋子煎三分鐘。
6.掀開蓋子，把棒棒腿翻一個回撒上蒜末。
7.蓋好蓋子煎三分鐘。
8.掀開蓋子改大火，煎乾水份熄火。

38

三絲炒花枝

乍看這是一道普通的家常菜，快炒兩三下就能輕鬆上桌。其實這是一道高難度的菜色，其中大有學問，恐怕要有多次實戰經驗，研究改進後才能勉強上手。

首先炒花枝的火候就很不容易拿捏。也許前一秒看起來還有點生，晚一點起鍋就老了。所以眼睛要很尖，稍稍變色，看著花枝塊要捲起來時就要盛出來。香菇的傘底最會吸醬汁，放早了會變太鹹。炒韭黃要又快又準，炒多一秒韭黃就萎了，而且會大量出水，不但難看還影響口味。很可能想著是一道好好的菜，炒出來色、香、味全走了樣，這種情況下眞不知如何端上桌。

三絲炒花枝　材料及做法

材料：

1.花枝一隻（十二兩～一斤）、韭黃三兩、筍一支、香菇五、六朵。

2.鹽半茶匙、酒釀二湯匙、油七湯匙、胡椒適量。

做法：

1.花枝洗淨切塊，放少許鹽、胡椒粉醃一會兒。

2.筍煮熟，香菇泡軟切絲。

3.韭黃切一寸長小段。

4.起油鍋三湯匙熱油大火爆炒花枝約二十秒，取出備用。

5.鍋洗淨另用四湯匙熱油，油熱先炒香菇。

6.改中火放酒釀、筍絲稍煮一會兒，湯汁略乾後改大火。

7.放花枝下鍋大火拌炒，約半分鐘。

8.放韭黃下去拌炒，熄火用鍋裡材料的溫度燙軟韭黃即可。

39 魚香帶子

發過頭的酒釀稱作醪糟，香味濃烈又辛辣，煮酒釀蛋花湯，少少灑上一湯匙，即使如此，不勝酒力的人還是滿臉通紅。但是做豆瓣魚或任何魚香醬的料理，非醪糟提味不可。

朋友請吃大餐，魚香瑤柱上桌，好大個頭的帶子！直徑比起食指戒子、婚戒還大，厚度也比一般新鮮干貝厚上一倍。吃在口裡不得不佩服大師傅功力，把這麼大的帶子燒得熟透又不老，自忖沒這本事。

平常在家裡料理新鮮干貝，只要買中級的帶子就好，不要用那種稱作瑤柱的超級大干貝，免得浪費了好料。

魚香帶子　材料及做法

材料：

1. 新鮮干貝半斤。
2. 蔥一支、薑三片、荸薺五個、辣豆瓣醬一湯匙、醬油二湯匙、醋適量、油三湯匙、酒釀二湯匙、蕃薯粉一湯匙。

做法：

1. 蔥、薑、荸薺洗淨剁碎。
2. 起油鍋油熱先爆香一項調味料。
3. 再加豆瓣醬、醬油、醋、酒釀，煮滾。
4. 放入干貝大火快炒，湯汁滾後熄火。
5. 撈出干貝，鍋中的湯汁加蕃薯粉勾芡，再淋在干貝上。

40

三杯中卷

三杯是哪三杯？一杯醬油、一杯米酒、一杯蔴油。如果眞照這比例做三杯會很鹹。可以改成半杯醬油半杯味醂，味道好多了。最近我把米酒換成甜酒釀，湯汁比較稠就不用勾芡了；還會剩一點湯汁可以拌飯、拌麵。

三杯雞、小排骨、兔肉、羊肉、中卷……這麼多種三杯你喜歡哪一味？兔肉是很好的，但是太乾；鴨舌下酒最好，羊肉也很棒。平常小家庭吃不了一隻雞，可以做三杯雞腿，或者用兩三條中卷代替。

三杯中卷很容易做，不需要太注意火候，脆一點、軟一點都好。吃的時候順著紋路連咬帶撕嚼出魷魚絲的口感，吃了三杯中卷，對於又腥又乾的魷魚絲就沒什麼興趣了。

三杯中卷　材料及做法

材料：

1.中卷三條。

2.蔴油二湯匙、醬油一湯匙半、甜酒釀二湯匙、味醂半湯匙。

3.薑片七、八片，九層塔、蒜頭隨意（可加可不加）。

做法：

1.中卷洗淨，中間軟骨要抽掉，切成三、四段。

2.放蔴油，油熱放薑片、中卷炒一兩分鐘。

3.醬油、甜酒釀、味醂倒入鍋中，大火煮滾。

4.煮滾後改小火慢燉十～三十分鐘皆可。

烤鮭魚

味噌油魚是啤酒屋必備下酒菜，木桶裡裝滿味噌，油魚醃在裡面，吃的時候取出一片，烤熟擠點檸檬汁上桌。雖然好吃，實在也是滿鹹的，這樣才會喝更多啤酒。

市場上好像很少看到油魚，鮭魚的油脂很多，肉質也細嫩，自己在家做味噌烤鮭魚，健康又簡單。單抹味噌太鹹了，在味噌裡加些甜酒釀和清酒，味道更棒。如果覺得檸檬太酸，我也有更好的沾醬。

糟香絲瓜　材料及做法

材料：

1.角絲瓜二、三條。

2.白糟一湯匙、鹽半小匙、油三湯匙。

做法：

1.角絲瓜洗淨削皮切滾刀塊。

2.起油鍋，油熱放鹽。

3.放絲瓜大火快炒，出水後改中火煮乾少許湯汁。

4.絲瓜炒軟，湯汁出來後放白糟。

5.翻炒兩三下即熄火。

44

豆瓣魚

如果我到餐廳吃豆瓣魚，一定要吃先炸再煮的。因爲蒸的豆瓣魚，自己在家中隨時可以做，何必到外面吃？何況餐廳的調味不見得合我胃口。只是家中火不夠大，炸出來的魚不夠酥脆，只好外食。

現在廚具越來越好用，好鍋子加熱均勻，火不夠大也能炸出酥脆口感。不過爲了健康，我們家近年較少吃油炸的，常吃蒸魚或烤魚。蒸魚不是想像的那麼容易，如果魚超過一斤半，整隻要蒸熟，而且不老，幾乎不可能。

有一回在餐館，一條魚將近二斤重，不但蒸熟了，而且很嫩，忍不住好奇，事後問了好多人，也沒人知道，終於一位八十高齡的老饕告訴我祕訣，於是我就做豆瓣魚試試看。

豆瓣魚　材料及做法

材料：

1. 鮮魚一隻，不管多重均可。
2. 蔥一支、薑三片、荸薺五個、辣豆瓣醬一湯匙、醬油二湯匙、醋一湯匙、油三湯匙、酒釀二湯匙、地瓜粉一湯匙。

做法：

1. 蔥、薑、荸薺切細末，起油鍋爆香。
2. 加豆瓣醬、醬油、醋、酒釀一起煮滾，起鍋前加地瓜粉勾芡。
3. 煮一大鍋滾水。
4. 魚洗淨，背上劃兩刀（兩面都要）用熱水沖一沖。
5. 沖好把魚放滾水熄火，約十五～二十分鐘取出魚盛盤。
6. 將煮好的醬料淋在魚身上。

45

鹹魚豆腐煲

廣東餐館的菜色一定有叉燒，但廣東人家裡並不是餐餐有叉燒，反而鹹魚是廣東人每餐必備。各家口味不一樣，鹹魚種類也不少，有乾的有油浸的，有去皮骨的魚排，也有整隻連鱗帶骨直接醃乾的。每家有自己鍾情的鹹魚，也有獨特的調味。

油浸馬鮫魚（鮪魚）肉多無刺，不用浸泡漂洗，切丁直接和食物拌炒，是初學做鹹魚料理的入門菜。

俗話說「千滾豆腐萬滾魚」。豆腐和魚都是要在小火裡燜煮很久很久，也就是用小火慢慢煲。煲鹹魚豆腐加酒釀提味是基礎，還可以配絞肉、雞丁，是一道下飯又可以帶便當、耐煮耐蒸的家常菜。

鹹魚豆腐煲　材料及做法

材料：

1.嫩豆腐一盒、馬鮫魚二片、絞肉半斤。
2.油三湯匙、酒釀二湯匙。

做法：

1.嫩豆腐、馬駮魚切丁，大小要差不多。
2.起油鍋，炒絞肉。油熱了以後，絞肉放下鍋拌炒三十秒後用小火慢慢煎乾。
3.酒釀拌入絞肉中，再放豆腐及鹹魚，大火煮滾拌勻。
4.改小火慢慢燜半小時以上。

魚香茄子

小時候母親做菜，我總是在旁邊打下手。一方面是興趣，一方面是我最不愛讀書，其他兄弟姊妹都爲「聯烤」打拚去了。每次炒茄子，母親總會說炒茄子就是要油多火大。我也很努力地用很多油在大火上拚命翻炒。最後還是把茄子炒得黑黑的，就是做不出來餐廳那種外面紫色的皮油油亮亮，裡面的肉又嫩又軟。

現在料理茄子，改用大火炸，裡面熟透了，外皮不變色，濾掉油、淋上各種醬汁都很美味，我最常用醬油露加蒜泥，而家人都喜歡魚香茄子，因爲孩子們都愛吃所以我都選擇不用辣的豆瓣醬，不辣的魚香茄子，更受歡迎。

製作魚香醬的材料

魚香茄子　材料及做法

材料：

1.茄子四、五條。

2.蔥一支，薑三片，荸薺五、六個，醬油二湯匙，油大半鍋，豆瓣醬、醋、酒釀、地瓜粉都各一湯匙。

做法：

1.茄子去蒂切滾刀塊。

2.起油鍋，燒滾一鍋熱油。

3.茄子放入鍋中大火炸，炸軟取出放漏勺內把油滴盡。

4.鍋中的油留約二、三湯匙。

5.把蔥、薑、荸薺碎末入鍋大火炒一下。

6.豆瓣醬、醬油、醋、酒釀加入鍋中一起煮滾，加地瓜粉勾芡。

7.漏過油的茄子盛入盤中。

8.將做好的醬料淋在茄子上。

小撇步Tips：如果家中常吃魚香醬料，可以調一些放冰箱，做好菜，把醬料加熱淋上。

47

味噌苦瓜

豆腐乳和味噌其實是一國的，同樣是黃豆發酵製成。有紅糟豆腐乳，也有酒釀豆乳，但是我比較喜歡紅糟配豆腐乳，甜酒釀配味噌。味噌有豆類蛋白質發酵的醬香味，配上甜酒釀的酒香，味道剛剛好。而且市面上的味噌爲了防腐的原因，都醃得很鹹，甜酒釀可以把鹹味調淡一點。

苦瓜加味噌、加甜酒釀會是什麼滋味？想不出來就試試看，甜中帶苦，苦中回甘，又有鹹提味，很好吃呢！

味噌苦瓜　材料及做法

材料：

1. 苦瓜一條。
2. 油三湯匙。
3. 味噌、甜酒釀、味醂適量，比例一：一：一。

做法：

1. 苦瓜洗淨去籽切塊。
2. 鍋燒熱放油，油熱放苦瓜下鍋快炒。
3. 苦瓜略炒軟，改小火。
4. 味噌和味醂混合，味噌化開後再加酒釀拌勻。
5. 倒入鍋中小火翻炒，至湯汁收半乾熄火。

小撇步Tips：這菜不會難吃——除非味噌、味醂、酒釀的比例調不對；苦瓜吃完，剩下的湯汁可以加點蒜泥沾白切肉。

48 酒釀荷包蛋

我猜想大概是沒有微波爐之前，都是煮酒釀蛋花湯的，有了微波爐之後，用微波爐煮酒釀蛋花湯我還不知道怎麼煮呢。

老劉每天早上六點就要出門去上班，我睡眼迷濛的爲他煮碗酒釀蛋，自認已是功德無量了，怎麼可能守在爐邊煮蛋花湯？所以平常日子用微波爐煮酒釀荷包蛋，一分鐘半解決，大家省事。

除了傳統用圓糯米做酒釀之外，我也用紫米做酒釀。全部用紫米做出來的酸酒釀，令人搞不清楚是酒還是醋，眞是太酸了，紫米甜酒釀，紫米最多只能放到圓糯米的一半，這樣酒釀酸酸甜甜的，又有嚼頭，還有不少人喜歡吃！

酒釀荷包蛋　材料及做法

材料：

1.受信蛋一個。
2.酒釀半碗。

做法：

1.酒釀放入碗中加少許，以熱水攪散。
2.把蛋打入碗中放入微波爐先煮一分鐘。
3.用湯匙把蛋翻一次面，再微波三十秒。

49

酒釀大餅

一向很少自己做麵食，因爲麵條、麵包、饅頭、包子、燒餅……所有的麵點到處都買得到非常方便。

最近聽許多人提起三角大餅，小時候家附近有個退伍老兵騎著腳踏車叫賣，一賣三十多年，是許多台灣孩子兩代童年的記憶。最近台灣有小時候的大餅專賣店，可惜美國沒有；想吃就得設法自己做。

買了食譜，一看做法和材料，頗複雜，有點不想試。無意間聽到朋友說用酒釀代替發粉可能會很像，就憑著經驗與直覺和了麵挽起袖子親自下海。

這餅的味道的確像小時候的大餅。不過口感不太像，雖然沒那麼蓬鬆，但口味和香味很像、多一點嚼勁，也不錯了。酒釀大餅就這樣出爐了。

ほんてり
HONTERI
みりん風調味料

酒釀大餅　材料及做法

材料：

1. 麵粉和酒釀的比例爲三：一。
2. 味醂適量。

做法：

1. 麵粉、酒釀、味醂加一點水拌勻。
2. 把麵糰揉成一個個圓球，再搓成圓餅。
3. 圓餅放在一邊醒四小時以上（冷天要六～八小時）。
4. 用中火烤五分鐘，翻面再烤三分鐘。
5. 冷熱都好吃。

小撇步Tips：沒有把握的話，火就小一點，只要烤熟，不烤焦就好。放味醂餅不會變酸，放白糖發酵久了餅會酸。

50

酒釀年糕

煮酒釀蛋你喜歡加什麼料？加圓仔、加湯圓是最傳統的吃法，如果想加麥片、薏仁、花生、玉米、紅豆、綠豆……統統可以。

我喜歡加年糕，因爲圓仔淡而無味，湯圓餡太甜會奪酒釀之味，薏仁、紅豆、綠豆……加在酒釀裡最好不要再加蛋。年糕的好處是不用煮太久，切成丁和酒釀一起煮滾就好了。口感和圓仔、湯圓一樣，又有一點甜味，比之圓仔的淡而無味好多了，又不會像湯圓奪酒釀的甜味，使酒釀吃起來感覺酸酸的。我喜歡的是年糕、湯圓、麻糬這類黏黏軟軟的食物，很多人都喜歡，你不妨試試。

酒釀年糕　材料及做法

材料：

酒釀一碗、年糕丁半碗、雞蛋一個。

做法：

1. 備一碗冷水，放入年糕丁煮滾。
2. 打一個蛋花在滾水中攪拌並熄火。
3. 酒釀放入鍋中把米粒攪散即可。

51

糟香魚片

自己在家裡釀酒，有很多種酒，酒醪濾出來以後，剩下的酒都還有用。平常釀一罈酒要花上半年一年的時間，濾出來酒醪只有一點點，剩下來那麼多酒糟眞是捨不得丟掉。

我曾經試過用梅子酒糟做梅子酥，「冷金香酒糟燉排骨」，都大受歡迎，也想寫一本酒糟做菜、做點心的食譜，只是心動過沒有行動。

台閩粵沿海用紅糟做菜，大陸以白糟入菜的料理也不少。除了《紅樓夢》裡的香糟鴨、糟白魚是用白糟醃漬的，江浙館子裡最常見的糟香魚片，就是白糟入菜的代表作。

糟香魚片　材料及做法

材料：

1.魚片半斤。
2.白糟二湯匙。
3.薑粉、胡椒粉、鹽少許、油適量。

做法：

1.魚片切成四公分左右方塊。
2.把魚片用薑粉、胡椒粉及鹽醃約一小時。
3.醃好的魚片在熱油中煎至金黃。
4.酒釀加少許水，勾芡，攪勻。
5.酒釀倒入煎魚的鍋中大火煮滾後熄火。

52

什錦水果酒釀

很多人夏天才吃酒釀，傳統的印象中酒釀都是配雞蛋、湯圓熱熱的吃，也有人以爲酒釀既然是滋補的食物，可能會上火氣，其實酒釀是涼補品，不上火的。舉個簡單的例子來說：大家都懂得讓女孩子在生理期吃一點酒釀，每個女人也有在月經前後因爲火氣大長痘痘的經驗，如果酒釀上火，生理期吃酒釀豈不是越補火越大，變得滿臉痘花了？事實上酒釀行血消火，生理期吃酒釀不但消痘痘，因爲血行順暢，罹患子宮肌瘤的或然率也大大減少。

我們生在這多元化的社會裡，很多傳統食物都有新的創意料理，酒釀也不例外。熱食甜品中有酒釀紅豆湯、綠豆湯、牛奶、麥片……冷飲有酒釀冰淇淋、巧克力等中西合璧的吃法。我自己用罐頭的什錦水果拌酒釀，在親友中大受歡迎。每次演講、酒釀試吃會、家常便餐（potluck）……我的招牌甜點就是「她」。

什錦水果酒釀　材料及做法

材料：

什錦水果一份，酒釀二～三份。

做法：

什錦水果和酒釀一起倒入鍋中拌勻。

MAGIC 014

INK PUBLISHING

紅白養生筵

作　　者　王莉民
總 編 輯　初安民
責任編輯　丁名慶
美術設計　黃昶憲
攝　　影　艾大衛（David Archer Ewert）
校　　對　丁名慶　王莉民

發 行 人　張書銘
出　　版　INK印刻文學生活雜誌出版有限公司
台北縣中和市中正路800號13樓之3
電話：02-22281626
傳真：02-22281598
e-mail：ink.book@msa.hinet.net
網　　址　舒讀網http：//www.sudu.cc

法律顧問　漢廷法律事務所
劉大正律師
總 代 理　展智文化事業股份有限公司
電話：02-22533362・22535856
傳真：02-22518350
郵政劃撥　19000691 成陽出版股份有限公司
印　　刷　海王印刷事業股份有限公司

出版日期　2009年4月 初版
ISBN　978-986-6631-74-0

定價　200元

國家圖書館出版品預行編目資料

紅白養生筵 / 王莉民著.--初版，
--台北縣中和市：INK印刻文學，2009.04
面；　公分. --（Magic：14）
ISBN 978-986-6631-74-0（平裝）
1.食譜　2.養生
427.1　98004583

INK INK INK INK INK INK IN
K INK INK INK INK INK INK
INK INK INK INK INK INK IN
K INK INK INK INK INK INK
INK INK INK INK INK INK IN
K INK INK INK INK INK INK
INK INK INK INK INK INK IN
K INK INK INK INK INK INK
INK INK INK INK INK INK IN
K INK INK INK INK INK INK
INK INK INK INK INK INK IN
K INK INK INK INK INK INK
INK INK INK INK INK INK IN
K INK INK INK INK INK INK
INK INK INK INK INK INK IN
K INK INK INK INK INK INK
INK INK INK INK INK INK IN
K INK INK INK INK INK INK
INK INK INK INK INK INK IN
K INK INK INK INK INK INK
INK INK INK INK INK INK IN
K INK INK INK INK INK INK
INK INK INK INK INK INK IN
K INK INK INK INK INK INK

NK INK INK INK INK INK IN
K INK INK INK INK INK INK
NK INK INK INK INK INK IN
K INK INK INK INK INK INK
NK INK INK INK INK INK IN
K INK INK INK INK INK INK
NK INK INK INK INK INK IN
K INK INK INK INK INK INK
NK INK INK INK INK INK IN
K INK INK INK INK INK INK
NK INK INK INK INK INK IN
K INK INK INK INK INK INK
NK INK INK INK INK INK IN
K INK INK INK INK INK INK
NK INK INK INK INK INK IN
K INK INK INK INK INK INK
NK INK INK INK INK INK IN
K INK INK INK INK INK INK
NK INK INK INK INK INK IN
K INK INK INK INK INK INK
NK INK INK INK INK INK IN
K INK INK INK INK INK INK
NK INK INK INK INK INK IN
K INK INK INK INK INK INK